幸福空间
设计师丛书

U0272908

简约风
精选设计

幸福空间编辑部　编著

清华大学出版社
北京

内 容 简 介

本书精选我国台湾一线知名设计师的35个简约风空间最新真实设计案例，针对每个案例进行图文并茂地阐述，包括格局规划、建材运用及设计装修难题的解决办法等，所有案例均由设计师本人亲自讲解，保证了内容的权威性、专业性和真实性，代表了台湾当今室内设计界的最高水平和发展潮流。

本书还配有设计师现场录制的高品质多媒体教学光盘，光盘内容包括绿意光影大宅（周谦如主讲）、品味质感、铺述美的悸动（沈志忠主讲）、现代自然纾压宅（庄昱宸主讲），是目前市场上尚不多见的书盘结合的室内空间设计书。

本书可作为室内空间设计师、从业者和有家装设计需求的人员以及高校建筑设计与室内设计相关专业的师生使用。

图书在版编目（CIP）数据

简约风精选设计 / 幸福空间编辑部编著. —北京：清华大学出版社，2016
（幸福空间设计师丛书）
ISBN 978-7-302-41850-4

Ⅰ.①简⋯ Ⅱ.①幸⋯ Ⅲ.①住宅－室内装饰设计 Ⅳ.①TU241

中国版本图书馆CIP数据核字（2015）第252110号

责任编辑：王金柱
封面设计：王　翔
责任校对：闫秀华
责任印制：沈　露
出版发行：清华大学出版社
　　　　　网　　　址：http://www.tup.com.cn，http://www.wqbook.com
　　　　　地　　　址：北京清华大学学研大厦A座　　　　　邮　　编：100084
　　　　　社 总 机：010-62770175　　　　　　　　　　　邮　　购：010-62786544
　　　　　投稿与读者服务：010-62776969，c-service@tup.tsinghua.edu.cn
　　　　　质量反馈：010-62772015，zhiliang@tup.tsinghua.edu.cn
印 装 者：北京天颖印刷有限公司
经　　销：全国新华书店
开　　本：213mm×223mm　　　印　　张：8　　　　字　　数：192千字
　　　　　附光盘1张
版　　次：2016年5月第1版　　　　　　　　　　印　　次：2016年5月第1次印刷
印　　数：1~3500
定　　价：49.00元

产品编号：062965-01

绿意光影大宅　　　　　周谦如 主讲

品味质感 铺述美的悸动　　沈志忠 主讲

现代自然纾压宅　　　　　庄昱宸 主讲

现场实录
王牌设计师主讲
本光盘教学录像
由幸福空间有限公司授权

Interior
Design｜带您进入台湾设计师的
魔法空间

设计师 About Designer

P001 P006 P012　戴文轩　周思妤

以色彩为出发，结合自然、人文、时尚等多样风格
元素，创作不同的空间体验。

P018　侯荣元

人与生活是空间构成的元素，除呼应以"人"为
本的清纯本质，通过巧妙运用各种材质的特性，
整合各个空间面向；从强化功能的设计出发，经
过线条的完美比例和色彩的搭配挥洒，将个人精
神品味与物质需求极致体现，享有打从心底被宠
爱的完整满足。

P021　彭雅静

住宅是容纳生活的容器，擅长运用素朴材质搭
现代极简元素，打破人与自然的隔阂，让室内空
间与自然环境对话。

P026　黄致儒

空间不应只是四方形或许一个小小的分隔，就可以造就一个特别的小宇宙；色彩不
应该局限，或许在一片白中可以给其一点鲜艳；房子大小不能局限住设计的可能
性，当然也不能限制住您的想象；预算多少不能限制住创意，即使一面纯白的墙都
会赋予其生命力。

P032　赖昱铭

从开始与业主接触及沟通，了解业主的个性、生
活习惯及使用需求，进而发展出我对空间的设计
概念，再由这设计概念发展出设计风格。

P038 P042　陈锦树

生活即是艺术，在美观与实用间取得平衡。

P046　好室佳设计团队

长年专注于空间规划领域的创新研究、进步前
瞻、唯美创新的设计，并通过团队力量持续精进
服务流程的方式，期盼给予每位客户"以客为
尊"的消费经验。

P050　林妤如

以"你"为设计故事中的主角，为"你"创造故
事的美好画面。

P056　屈复文、钟弘毅、何怡萱

设计必须对应的是人，以人为本是我们设计的宗
旨。

P060 P114　王立峥

简单而纯粹，内蕴质感而不粗犷，隐含创意而不张
扬是京彩室内设计在执行创意设计一贯的理念。

P064 洪华山

"在家就是要享受幸福。"一直是昱承设计始终如一的主张。让美的空间画面,成就于理性的设计及踏实的工程细节下。

P070 象惟·空间设计

创造素材少却内涵丰富的空间,是都市住宅另一个设计重点。

P074 雅迪尔设计团队

以专业的技能与纯熟技术,为客户量身定制专属的品味生活。

P080 刘冠亨

以人文主义为出发,为每个业主量身打造专属的生活体验。

P084 欧雅系统设计有限公司

欧雅公司为客户提供的板材,是EGGER正式授权。让您选择欧雅时,多了一份安心及保障,欢迎来电咨询及预约丈量规划。

P088 徐学贤

与其堆砌过多华丽的装饰,不如将一切归零,倾听内心真实的需求。空间若是脱离了人,再如何华丽,也不过是一个空壳。

P092 罗静如 林保秀

设计是不该设限的,映荷空间设计团队将每位业主的想法转化成空间形式,以人性功能与舒适的角度去诠释空间架构,赋予空间层次感及人性化的功能,创造出品味与质感的理想空间。

P096 林钦暖

与业主做完善的沟通,希望每个设计作品都能呈现最完美的一面。将生活的需求融入设计中,让空间达到最完善的利用,而不失整体感。

P100 郭品妤

希望运用设计的力量,实现使用者对"家"的向往,并通过我们专业的手法,导入美学文化的视觉语汇,让使用者通过无形的生活给验,建构出自我的生活美学涵养。

P102 毛俊芳

以客户为核心,自我要求,做最好的设计与设计公司。
从不停止追寻更好的解决问题的方式是毛俊芳设计师的理念。

目 录

轩宇室内设计有限公司·设计师 戴文轩 周思妤

太梦幻·来到艾丽斯的梦游仙境

坐落位置 | 新北市·汐止
空间面积 | 264m²
格局规划 | 客厅、餐厅、厨房、书房、主卧室、客房×2
主要建材 | 钢琴烤漆、超耐磨地板、钢刷木皮、壁纸、明镜、大理石

1

　　设计师以崭新的形态与缤纷的色彩，为长期旅居伦敦的房主，量身打造出一处独一无二的特色住宅，让每位来访的宾客都能感受到视觉冲击与创意浪潮。一进门，宛如进入一处色彩鲜明的国度，空间中以紫作为主色调，并运用14种不同的色阶来呈现，既大胆又设计感十足。公共区域运用大面开窗与独立露台让空间贯连，并让动线通透无碍，构筑起具明亮感的居家景象。设计师充分掌握房主的生活习惯及所需，打造符合房主品位与内涵的设计居家，舒适与现代感跃然流动于区域中。

1.**设计惊喜**：设计师强调，在空间中给人不断"惊喜"与"创意"，就是他最大的乐趣所在。
2.**独一无二**：以崭新的形态与缤纷的色彩，为长期旅居伦敦的房主，量身打造独一无二的特色住宅。
3.**现代意象**：融合了流行与现代元素，客厅天花板使用1/4的圆弧造型，餐厅则设置3盏圆形吊灯展现前卫思想。
4.**厨房**：每位来访的宾客都能感受到视觉冲击与创意浪潮，丰富了每个人的视野与心境。

本案也展现了设计团队大胆及富于趣味性的构思。客厅右侧的开放式书房，设置两个阶梯造型的层板书柜，上方则连接圆形黄金镜面，营造向上延伸的视觉意象。带有乡村风的主卧室，以小碎花元素的壁纸装饰床头主墙，并用湖水蓝与白色线条搭配，既铺陈出空间的清新质感，又创造了想象无限的空间神情。

1.2.**童话世界**：客厅右侧的开放式书房，设置两个阶梯造型的层板书柜，上方则连接圆形黄金镜面，营造向上延伸的视觉意象。

3.**客房**：迥异于公共空间的紫，客房以鲜明的红色来铺陈，展现设计团队的大胆及趣味性构思。

4.5.**主卧室**：带有乡村风的主卧室，以小碎花元素的壁纸装饰床头主墙，并用湖水蓝与白色线条搭配，铺陈出空间的清新质感。

6.**工作区**：电视墙后方，设置了一处橘黄色的工作区，以满足房主的工作需求。

轩宇室内设计有限公司·设计师 戴文轩 周思妤

幸福悠然·细数生活点滴

设计师为年轻夫妻打造一处幸福悠然的家，让每个区域都能细数生活的点滴，并考虑到家中小朋友的安全，采用简单合宜、符合人性的设计。进入室内，玄关区的立面以白色钢烤、粗犷石材、温润木皮与篆雕茶镜隔屏，营造丰富且具现代感的迎宾意象。

1

坐落位置｜新北市·板桥
空间面积｜165m²
格局规划｜客厅、餐厅、厨房、主卧室、小孩房、客房
主要建材｜石材、灰镜、铁艺、钛金属、木地板

1.**玄关区**：玄关以白色钢烤、粗犷石材、温润木皮与篆雕茶镜屏隔，营造丰富且具现代感的迎宾意象。
2.**电视墙**：饶富层次的电视墙，以功能、形式、色彩及材质（灰镜、石材、钢刷木皮）来塑造区域表情。

2

开放明亮的公共空间，铺叙当代简约的设计居家，并借着沙发矮墙让书房成为视线的延伸，具体呈现形随功能的实用空间；饶富层次的电视墙，则以功能、形式、色彩及材质（灰镜、石材、钢刷木皮）来塑造区域表情。餐、厨空间使用灰玻推拉门作为屏隔，而具有流明天花板的厨房，一扫以往的阴暗感，更借着金属马赛克及金属面釉砖地面，辉映出细腻质感。

1.**书房／工作区**：沙发后的短墙同时作为工作区的台面，具体呈现形随功能的实用空间。
2.**餐、厨区**：使用灰玻推拉门作为隔屏，侧边与玄关鞋柜接连的柜面，则采用勾缝的线条切割，表现出现代感的造型。
3.**幸福悠然**：设计师为年轻夫妻打造一处幸福悠然的家，让每个区域都能细数生活的点滴。
4.**公共区域**：考虑到家中小朋友的安全，简单合宜、符合人性的设计贴近人心。
5.**生活小确幸**：将所有线条都化繁为简，堆砌出温暖亲和的人情况味。

2

5

009

设计师在主卧空间以大片纯净色调，营造整体简约的氛围。床头部分，运用浅色壁纸，让空间没有繁杂的元素；床组更是特别量身定制，且使用白色皮革营造舒适大器感。在收纳上，为塑造整体空间的利落感，门板使用优白玻璃，维系区域内的一贯风格。

1. **风格塑造**：主卧以大片纯净色调，营造简约氛围；收纳上，门板使用优白玻璃，赋予区域内一种统一的风格。

2.3. **卫浴空间**：饶富现代感的卫浴空间，以多元材质铺陈，如黑色大理石台面、钢刷柚木柜面及马赛克拼贴。

4.5. **主卧空间**：床头运用浅色壁纸，让空间没有繁杂的元素；床组更是特别量身定制，使用白色皮革营造舒适大气感。

轩宇室内设计有限公司 · 设计师 戴文轩　周思妤

休闲慢活氛围 · 时尚律动美宅

坐落位置 | 新北市 · 板桥
空间面积 | 264m²
格局规划 | 客厅、餐厅、厨房、主卧室、小孩房、客房
主要建材 | 钢刷木皮、皮革、茶镜、铁艺、钛金属、超耐磨地板

1

当设计回归到本质，即能享受最原始的自在。本案中设计师结合房主的深层需要，在毛坯房时改变部分格局，规划出高度开放与充满律动的区域，让家人与亲友可以互动交流，在此或坐或卧，恣意转换生活的感动，徜徉于无拘束的慢活氛围中。

1.**公共空间**：通过灯光、材质、线面间的铺陈，表现出丰富层次变化与区域表情。
2.**客厅望向书房**：根据房主的需求，规划出高度开放与充满律动的区域，让家人与亲友可以互动交流。

2

1.**电视墙：**采用毛丝面黑色烤玻并以几何图案构组，于两侧搭配钢刷木皮，营造客厅整体的视觉重心。

2.**时尚感：**客、餐厅构筑于同一条轴线，并以天花板的沟缝、灯带等线条来勾勒，展现时尚感。

3.**当代设计：**塑造一个当代的品位居家，让精致况味与空间价值相互串联。

4.**书房：**利用沙发后的空间设计一处开放书房，并以不规则的书架层板方式呈现，以满足不同对象的展示。

公共区域通过灯光、材质、线面间的铺陈，表现出丰富层次变化与区域表情，塑造一个当代的品位居家，让精致况味与空间价值相互串联。客、餐厅构筑于同一条轴线，并以天花板的勾缝、灯带等线条来勾勒，展现时尚感。

电视主墙采用毛丝面黑色烤玻并以几何图案所构组，于两侧搭配钢刷木皮，营造客厅整体的视觉重心。开放式的餐厨空间，呈现简约调性，侧面的开窗更与客厅连贯，建构出明亮纯净的区域空间。主卧空间呼应公共空间的现代简约感，床头以壁纸与灰镜来呈现，塑造出柔和舒适的卧眠区域。

1.**改造实墙**：在毛坯房时改变部分格局，就能恣意转换生活的感动，让居住者徜徉在无拘束的慢活氛围中。

2.**餐厨区**：开放式的餐、厨空间呈现简约调性，侧面的开窗更与客厅连贯，建构出明亮纯净的区域空间。

3.**主卧室**：呼应公共空间的现代简约感，床头以壁纸及灰镜来呈现，塑造出柔和舒适的卧眠区域。

4.**主卧卫浴**：为使空间不再单调、枯燥，设计师以大理石交错的拼贴手法，展现一种精品时尚的氛围。

细腻建材层次 · 现代休闲简约风

坐落位置 | 台北市
空间面积 | 165m²
格局规划 | 玄关、客厅、餐厅、厨房、主卧室、次卧室×2、书房、卫浴×3
主要建材 | 木皮、大理石、玻璃

1

1.**客厅**：坐拥大量采光窗的客厅区域，规划时，摆脱了主墙面的常规想象，以蛇形帘的柔软质感，取代沙发背景墙的存在必要性。

2.**家具配置**：客厅中，海湾型的沙发配置不但满足了三代同堂共聚所需，搭配上皮革单椅，也可作为玄关入室的视觉焦点。

3.4.**书房**：运用玻璃为穿透感的书房空间，让在各区域的家人有了自在性的互动。

1

在世界各国经商、旅行居住的房主，对于家，早已有了然于心的定义，在与设计师沟通后，决定以休闲风格为主题，铺叙返台度假时的悠闲心境。

为了达到身心的彻底放松，在整体建材选择上，以木皮喷漆为主元素，在不见白墙的空间里，有着易于清洁的方便性，并且舒适演绎了温润氛围，而棘手的倒"T"字格局，则巧妙地以餐厅作为不同区域的转折核心，让格局与功能因此有了流畅性。

另外，施工过程中考虑到房主参与的时间性，设计师细心借助完善的事前沟通，达到完工时，房主即可拎包入住的完美衔接。

2

1.**餐厅**：考虑到三代同堂成员饮食习惯的不同，除了有独立热炒区块，餐桌旁借助矮台备齐轻食功能所需。
2.**主卧室**：转向后的床头定位，加以饭店式半高主墙，在提升睡眠的安全感之余，创造出床尾电视主墙的使用接口。
3.**男孩房**：呼应过道的重叠手法，私人区域内将大量体的需求沿墙面排列，使空间尽显宽敞。

3

一点点让步·成就美的极限

坐落位置｜竹北
空间面积｜132m²
格局规划｜玄关、客厅、开放式厨房、书房、主卧室、次卧室×2、卫浴×2
主要建材｜木皮、壁纸、藻土、油漆

　　本案房主是一对新婚浪漫夫妇，他们期待自己的住家是兼具功能美与成长性的居宅，设计师倾听房主需求，打造了一处呈现未来家庭生活的完美住家。

　　设计师将书房隔断彻底拆除，换上清透玻璃与藻土，分量感的呈现给予视觉稳定且扎实的感受；而对于未来小孩房空间中，则拆除隔断墙，通过布幔为屏，以自在开敞的样貌，成就房主琴瑟和鸣时的秘密基地。

1.廊道：装置艺术般的钟面设计，让廊道底景呈现出静谧质感。

2.沙发背景墙：局部加以厚度与质感分量的沙发背景墙，立体化的设计手法、洗练了光影，让柔软窗幔与墙体之间，有了材质属性的断点表现。

为了让公共区域尽显宽敞及女主人精湛厨艺达到最佳化表现，设计师除将原配备的厨具保留外，并在开放式空间中设计大型中岛，取代餐桌功能之余，进一步给予女主人宽敞的操作台面，点滴加温着回家的好感觉。

愿意为美做一些牺牲，让家处处充满着美感，原是房主对于居家设计的想法，而设计师不仅实践了这份美学期待，更让家有了实用与无限的可能。

1.**公共区域**：利落而简约的设计，源自于房主对美感和功能间的让步，设计师将影音喇叭埋于天际后，以展示柜的形体干净收纳影音设备。

2.**电视主墙**：L形的大型光带，除层次框定主墙面体的存在，玄关起始的延伸性线条，更加宽了视觉尺度。

3.**书房**：虽然少了卧榻下的收纳，但留白之美，亦是一种生活态度的展现。

4.**端景书墙**：书墙旁对称性线板的简练造型，加上壁灯等光源的安排，呈现多面向的端景精彩。

1.**餐厨区**：开放式的空间里，安排了大中岛台面，不仅满足了女主人烹调的期待，也创造夫妻二人缱食的最佳地带。

2.**未来小孩房**：拆除隔断的次卧室，预留精算后的墙线位置，即便未来改变心意，想作为独立式的小孩房使用，也可轻松还原隔断设计。

3.**主卧室**：承袭着公共区域的灰色素雅，主卧室内改以质感壁纸进行装饰，以稳定睡眠氛围。

飞络空间设计工作室·设计师 黄致儒

日光下·现代简约日式风情

坐落位置 | 新北市·淡水区
空间面积 | 132m²
格局规划 | 玄关、客厅、餐厅、厨房、书房、主卧室、小孩房、客房、卫浴×2
主要建材 | 喷漆、天然木皮、石材、文化石

沐浴日光里，简约呈现温润建材的纯净北欧风，是不少人喜爱的现代居宅样貌，也是本案房主在设计之初，提供给设计师参考的图片风格。设计师为呈现空间的开阔敞朗感，拿掉了客厅后方墙面改以半墙打造开放式书房，并结合木作、水泥板，在灰、白与木色层次的简单变化间，呈现纯粹干净的现代日式风情。

1.现代日式风：沉稳的彩度层次，搭配随时序推演的日光变化，营造温婉柔和的现代日式风格。
2.半墙视野：半高墙面分界出书房的独立功能，并保有同时观赏电视的穿透视野。

2

　　以实用主义为导向的空间设计，主要结合房主的需求与设计师的美学滋养，共同激荡出令人赞赏的火花。本案中房主有实际下厨的使用需求，为保持视野的开阔感，设计师切齐电器柜立面并规划穿透性连动式拉门，拉门亦可推放至展示柜前方，作为柜门，大面日光穿透落地百叶窗帘涌入室内，每一个面向都能享有充沛光照。

1.4.玄关：无遮蔽的日光，明亮了进门的视野。
2.充沛日光：落地窗与压低台度的大开窗引入充沛日光，让每个空间都能沐浴在朗朗日光下。
3.电视墙：严谨的线条计划，在三种色彩层次间拿捏出精准比例。
5.材质：木作、水泥板与白色留白，以三种材质变化空间设计的丰富层次。

主卧室中采用最低限度做法，将梁体管线与衣柜隐藏在造型线条与白色立面中，并特别定制具备收纳柜、镜面与座椅的完整梳妆台，使简化空间设计达到极限值。

1.**格局调整**：设计师拿掉客厅后方的墙面，改以半墙界定开放书房，拉长了空间景深且尽显开阔视野。
2.**厨房**：开放式规划的厨房使连动式穿透拉门，既阻挡油烟外，又保有空间的敞阔感。
3.**完整梳妆台**：同时拥有收纳柜、镜面与座椅的完整梳妆台，是设计师特别量身定制。
4.**主卧室**：以最低限度做法呈现的主卧室，将梁体管线与衣柜量体皆隐藏在造型线条与立面中。

专胜室内装修设计有限公司·设计师 赖昱铭

自然元素·打造家的人文休闲气息

坐落位置 | 竹北
空间面积 | 198m²
格局规划 | 玄关、客厅、餐厅、厨房、吧台区、神明厅、琴房、
主卧室、小孩房×2、卫浴×2
主要建材 | 胡桃木天然木皮、欧亚木纹大理石、黑网石大理石、
铁艺、玻璃、ICI调色漆

居住空间的配置，本该依居住者的生活形态与理想蓝图而有所调整。本案原格局在进门处为无隔断配置，设计师依照房主要求，在玄关右方规划独立琴房与阅读室，并借助面对客厅的隐藏门设计手法，在与琴房相邻的向阳处，另规划神明厅功能。而配置于同一面向的小孩房原格局零碎，设计师也在拉伸吧台后方墙面位置后，争取到完整的小孩房格局。

从现代简约、人文休闲角度出发的风格设计，设计师运用大量天然元素铺排，立体排列的天然胡桃木皮，除在鞋柜墙面延伸玄关层次感外，结合黑网石端景墙面增添了质感。从欧亚木纹大理石立面转折进入客厅区域，通往神明厅的门隐藏在纹理相同的大理石薄板里，让细致优雅的表情大面延伸。日光盈朗，净白墙面在餐厅改以ICI特调色漆铺陈，柔和带出空间层次与人文艺术质感。

1.**流畅动线**：设计师将过道空间纳入功能格局使用，流畅的动线与开阔的视野，使生活更加便利舒适。

2.**厨房门板**：灰玻璃与造型铁艺拉门阻挡厨房油烟，也让望向厨房的视线多了层次转折。

3.**格局调整**：除了进门处琴房与神明厅的增设外，设计师亦外推部分吧台墙面，使后方小孩房格局更加完整。

4.**琴房**：入口处独立规划出琴房与神明厅，顺势蜿蜒出玄关动线。

1.**吧台区**：设计师将具有轻食功能的吧台独立在厨房外，保持居家空间的空气清新。

2.3.**主卧室**：干净齐整的绷皮主墙隐藏结构柱体与收纳衣柜，维持主卧室的简洁明亮。

4.**女孩房**：设计师以女孩喜爱的水蓝色漆饰底，打造清爽洁净的女孩房氛围。

度假饭店般的娴雅生活

坐落位置 | 桃园
空间面积 | 205m²
格局规划 | 客厅、餐厅、厨房、主卧室、
小孩房、休闲区、卫浴×2
主要建材 | 木皮、石材、铁艺、马来漆

让半度假式生活，拥有理所当然的从容与娴雅，室内以亲和、天然的材质居多，大面积的自然纹理与天光交融，大地色的温润映上柔致光晕，风雅袭人的气质，犹如人文饭店一般，展现久看不腻的优雅美感。为创造更轻松、自主的生活模式，设计师依据房主的需求进行格局调整，使整个空间更为合理且契合未来居住的期待。

1.客厅一隅：莳花弄草的休闲情境，让户外惬意蔓延入室。
2.影音机柜：机柜和展示空间集中于一方，中间大面积留给石材，完整展现天然纹理。

2

客厅依窗而生的木地板过道，前后分别串联阳台及休闲区，舒适流畅的空间关系，自然而然地拉近了祖孙之间的亲密互动。合并后的餐厨区域，相较原来空间放大两倍之多，不仅是厨具和餐桌得到理想的扩充，同时也修饰了零碎角落，争取到实用功能，进而让厨房变得漂亮好用。从材质感，带出充满休闲雅趣的自然情境；由合乎习惯的格局，凝聚家庭情感和互动气氛。通过生活与美学的演绎，让用餐、阅读和休闲活动融洽交汇于空间之中，热闹相聚与宁静独处，都能感受到相同的自在和乐。

1.阳台：架高过道连接至阳台，以南方松、绿意造景，布置一处休闲角落。
2.过道：平整的木地板一路延伸到休闲区，电视墙内设有拉门，使之能完全独立运用。
3.温润质感：大量的大地色材质，在日光下呈现温润质感。
4.餐厅：整合电陶炉和收纳性质的长桌，兼具阅读、休闲互动功能，同时也可以当成开放式厨房的工作桌。
5.客厅：亲和温润的用材，舒适空间如饭店般，有着一种久看不腻的优雅气质。
6.主卧室：自然素材与光影交融，纯粹与宁静留存，传达出简单的生活之道。

富亿空间设计·设计师 陈锦树

喧嚣都市中的乐活时尚宅

坐落位置 | 台北市
空间面积 | 224m²
格局规划 | 客厅、餐厅、厨房、主卧室、更衣室、
婴儿房、书房、卫浴×2
主要建材 | 石材、木皮、绷布、进口瓷砖

1

在喧闹中转进一处幽静天地，设计师以"简约、时尚生活"为主题，将空间元素化繁为简，在动静从容的区域内，找到一种属于家的归属感。进入室内，玄关揭开了精彩的序幕，夹砂玻璃与铁艺构成的屏风，以半穿透式保留隐私，同时也起到划分空间功能的效果。

1.功能设计：设计师贴心为房主设计穿鞋椅，增添实用上的便利性。

2.电视墙：电视墙以现代几何线条、塑像般的意象环绕着公共区域，其上下处以线性的间照效果，营造量体的轻盈感。

2

明亮通透的客厅，是家人及朋友围聚的天地，整体用色沉稳低调，以低彩度将空间表现得更纯粹、干净；材质上，地面选择仿石材的消光砖，手工肌理的马来漆为沙发主墙，力求设计基调的平衡性。而带来视觉惊喜的电视墙，采用现代几何线条，以塑像的立面环绕公共区域，上下处以线性的间照效果，营造量体的轻盈感。

1.玄关：夹砂玻璃与铁艺构成的屏风，以半穿透式保留隐私，同时也划分了区域。

2.纯粹、干净：明亮通透的客厅，是家人及朋友围聚的天地，整体用色沉稳低调，以低彩度表现得更纯粹、干净。

3.动静从容：设计师以"简约、时尚生活"为主题，将空间元素化繁为简，在动静从容的区域内，找到一种属于家的归属感。

4.5.设计感：本案散发出如旅店般的温暖气息，让空间不再是充斥装饰的大观园，而是细腻的设计感知。

6.书房：进门处的上下柜子，兼具收纳的功能性，中段台面可以放置收藏与植栽，增添居家生活的趣味。

7.主卧室：以清浅色系作为空间基调，让卧眠空间显露沉稳静谧；墙面则以隐藏门的方式表现立面的干净利落。

日光景观宅的净透美学

本案位于水岸第一排，坐拥可远眺101大楼的绝佳视野。设计师保留原屋廓外形，移除厨房墙面，让公共空间享有日光与环景视线的最大值，并将入口卫浴改为衣帽间使用、调整女孩房门板的位置，规划出合适的生活动线，搭配优雅细致的建材纹理图案，在净白柔美的简约线条里，阐述明亮、温馨的水岸河景美宅。

坐落位置 | 新北市·三重区
空间面积 | 162m²
格局规划 | 玄关、客厅、厨房、吧台区、休憩区、和室、主卧室、女孩房、更衣室、卫浴×3
主要建材 | 不锈钢、压克力喷漆、进口五金、木作、木皮、喷砂玻璃、喷砂黑镜、喷砂灰镜、烤漆玻璃、结晶钢烤、手刮海岛型木地板、进口壁纸、组合柜、大理石、线板

1

2

以黑框门斗区分内外的玄关处，成排木作鞋柜采用悬空打光设计，与对向通往衣帽间的门板，通过简约线条修饰庞杂线条。至于同一片灿烂光照下的公共空间，以半高电视墙形构穿透视野，并延伸墙面材质，施作于取代餐桌功能的中岛吧台，串联区域互通性；而一旁的休憩区特别加大沙发尺寸，让家人能更加随兴地共享情感交流。隐于木作造型墙面内的女孩房与主卧室，通过顶级手刮木地板呈现质感，另结合亮面铁艺的不规则切割，丰富空间线条亦隐藏卫浴门板。

1.**空间划分**：黑色斗框界定内外空间。
2.**中岛吧台**：设计师延伸双面柜材质打造中岛吧台，取代餐桌设计，具备轻食用餐功能。
3.**休憩区**：加大尺寸的沙发，可让居住者以最舒适的姿态进行情感交流，而机柜处可滑移的黑镜喷砂门板，则可依使用形态调整样貌。
4.**女孩房**：在女孩喜欢的莹白空间里，设计师结合不规则切割的亮面铁艺丰富空间线条。
5.**更衣室**：完善的更衣室设计，可将衣物、配件与饰品完整收纳。

品味·三代同堂
的大气幸福

　　三代同堂的居家规划，跳脱玄关制式设定的想象，设计师以天花板起伏、材质为段落，低调却又不失秩序地切割着公共区域的存在属性。

　　进入大宅之内，木质天花板的暖度取代玄关第一印象，纵向材质呼应渐变上升与堆栈的天花板，定位出无压迫的长型餐桌，并优雅聚焦了客厅望向餐厅，直至立面景深的大书墙画面。

坐落位置 │ 新北市·林口
空间面积 │ 172m²
格局规划 │ 客厅、餐厅、厨房、主卧室、次卧室×2、卫浴×2
主要建材 │ 银狐大理石、浅金锋大理石、秋香木皮、白柚木、铁艺

1

3

4

2

另外，为了让4个大房间拥有更多的弹性功能，设计师将其一空间作为书房兼具客卧使用，配以镂空式的拉门，半穿透视野衔接上端景与木框变化，虚实转换着购房者以及未来入住者的生活想象。承袭着动线精彩，主卧室内睡眠与更衣区块，设计师则选以隔栅线性为屏，连接着居住者游走于空间时的亲密关系，而装饰性的律动则巧以秋香木皮家具为表现，淡淡却又不失自然的木纹斜率，成为最不造作的空间妆点。

1.**公共区域天花板**：三代同堂的居家规划，以天花板起伏、材质作为元素，引领着公共区域的属性划分。
2.**餐厅**：渐变上升与堆栈天花板，定位出无压迫的长形餐桌，聚焦了大书墙的空间画面。
3.**客厅**：威尼斯镜加以勾缝墙面处理，净白之中变化出了沙发区的端景画面。
4.**廊道**：木质斗框、镂空板的虚实运用，划分出了主卧和多功能室空间，区域端景巧妙增添廊道趣味性。

1.**开门画面**：木质天花板的暖度带出入室第一印象，视线也随之端景安排，拉入深邃景深。

2.**多功能房**：为了让4个大房间拥有更多的功能弹性，设计师将其一空间作为书房兼具客卧使用，漫步其间让购房者有了更多未来想象。

3.**主卧室**：秋香木拼花处理的柜子门板，带以斜率线条展现私人区域的大器质感。

4.**次卧室**：每房皆可放下双人床尺度的睡眠空间，设计师以马来漆施以造型与天花板有了连接性互动。

5.**次卧床头**：分割后的床头主墙面，赋予收纳功能。

邑品空间设计有限公司·设计师 屈复文、钟弘毅、何怡萱

自然光感与开阔纾压休闲宅

外籍房主期盼能够拥有舒适、明亮的自然休闲氛围，设计师评估房主的生活习惯，规划开放式生活功能，仅以既有的梁体与动线作为段落引导，将绿意光感与木质在客厅、书房、餐厨串联，构成房主期盼的舒适生活。

坐落位置 | 台北市
空间面积 | 139m²
格局规划 | 玄关、客厅、餐厅、书房、厨房、主卧室、次卧室、卫浴×2、阳台
主要建材 | 橡木钢刷木皮、烤漆、镜面、铁艺、玻璃、石材

1. **公共空间**：以开放式的概念，将公共区域简单划分为餐厨、客厅、书房。

2. **电视主墙**：延续玄关木质叠构的立体线条，左侧的机柜收纳起杂乱线路，为重视视听享受的房主，打造一面衬托音响设备的利落石材主墙。

3. **书房**：房主期盼的开放式规划，为两人生活创造更多互动；书房区除了计算机使用的功能外，在明亮采光的窗前还加置了卧榻，以切换不同的阅读心情。

4. **餐厨空间**：利落的黑白配色处理开放式的餐厨空间，以轻食中岛衔接餐厅，满足外籍房主的烹饪习惯。

5. **主卧室**：保留优质采光条件，以双向使用的柜子取代步入更衣间设计，电视机柜的后方即为大容量的收纳衣橱。

6. **环状动线**：面对绿意的梳妆台一侧，在原先的窗扇前设置双层木质拉门，可灵活切换采光与镜面的位置。

7. **主卧床头**：同样收纳绿意美景的窗扇，位于床头一侧；延续橡木钢刷的纹理质感，精算床头高度，拉出舒适的空间比例。

　　高达3.2m的优质屋高条件，设计师通过空间功能高度的统一，在生活可触及的2.4m水平高度之上保留0.8m的空白，提高了房屋在视觉上敞阔纾压的舒适；在明亮的采光中，利用清浅的色调配置为基底，橡木钢刷实木的温润色泽与黑色元素共构功能，创造空间立面具有美感层次的端景，并透出书店般的人文质感，带给居住者一种于恣意放松之中的温暖窝心，描绘专属夫妻二人的生活蓝图。

创意添趣·质感
人文居所

本案为年轻夫妻居住的3＋1房居所，迎向公园绿意的大面窗景、电视主墙以铁艺创造白色大理石材的悬浮表情，呼应书房背景墙铁艺纵向支撑的木质人文书墙，穿插一抹倾斜趣味切割。

全空间以黑、灰、白单纯色调与风化木清浅的温馨调味，再加一些低调的不规则设计，在现代利落的时尚居所中，营造出一丝活泼、青春的质感表情。

坐落位置｜桃园市
空间面积｜132m²
格局规划｜玄关、客厅、书房、餐厅、厨房、主卧室、小孩房、
　　　　　　长辈房、阳台
主要建材｜梧桐风化木、石材、大理石、超耐磨木地板、
　　　　　　烤漆玻璃、灰镜、压克力喷漆、铁艺、橡木木皮

　　原始的格局规划，一进门便是三个空间的交界，将客、餐厅与书房一览无遗。为创造明确的动线层次，设计师在玄关与餐厅间，增设步入式的储藏空间，划分出明确的玄关、餐厅，亦增加玄关、餐厅两侧的收纳功能。经过调整后更为明确的动线，入门后的视线面向公园绿意的客厅采光面，而后沿着木质天花板的引导，来到餐厅空间，细腻地利用立面的整合与变化，处理通往6个空间的动线枢纽。

1.**客厅与书房**：开放式空间，引借梁体的存在感与采光面的转折进行区域划分，书房外侧有一个独立的阳台空间。
2.**书房望向餐厅**：纯净的立面配色与利落的中岛吧台间，缤纷的桌脚与成双不成套的餐椅，营造空间活泼趣味。
3.**功能创造**：利用新增的储藏室空间，出入动线隐藏在玄关侧，餐厅侧嵌入收纳餐柜隔断，创造符合使用的收纳功能。
4.**功能整合**：段落分明的开放式设计，让位于空间中心的餐厅也能拥有自然采光；右侧四扇雾面拉门，整合餐柜与客用卫浴门。
5.**主卧室**：延伸床头线条，深色的背景墙化为卧室视觉重心；利用原先进入床头后方卫浴的转折空间加以外推，浅色的木质空间整合衣物收纳、梳妆台及卫浴动线。

极致温馨 ·
简约时尚

　　打造温馨休闲，富有时尚现代感的住家，是本案房主的主要诉求。

　　在格局配置上强调时尚简约，将公共空间通过开放的设计手法呈现，打开书房及厨房原有的封闭隔断后，在餐厅与厨房空间的界定上，以连动式拉门墙面与吧台作为区分介质，保留空间的串联及可变性，玻璃拉门的弹性运用扮演着生活功能的兼容与区隔。

坐落位置｜台北市 · 士林
空间面积｜198m²
格局规划｜玄关、客厅、餐厅、厨房、书房、主卧室、次卧×2
主要建材｜低甲醛木料建材（栓木染色）、ICI无毒环保漆、组合家具（板材E1V313）、超耐磨木地板（新古典橡木、巴洛克）、白色文化石、金贝莎大理石、黑色及白色烤漆玻璃、清玻璃、进口窗帘布、南方松木地壁板

整体视觉上相当注重材质的连贯与对称，玄关进门及餐厅对角的白色文化石墙，串联了空间，成为玄关进门的视觉焦点，也让过道有了比较开阔的空间呈现。风格方面，设计师在氛围营造上着重于静谧与温馨，全室铺以木质地板，增加温润气息，加上石材的自然肌理、玻璃的冷冽时尚，以宁静不失个性的空间彩度，为房主打造出一个现代简约，呈现极致温馨时尚感的住家。

1

2

1.**客厅电视主墙**：以不落地的金贝莎大理石围绕黑色烤漆玻璃，延伸至餐厅与厨房之间吧台的黑色烤漆玻璃，从线、面发展至立体，笔直而流畅的线条，串联出空间时尚个性。

2.**采光美景**：开放原为主卧室专用的后阳台，增设一处全家人可休憩赏景的私房空间，也为过道尽头引进自然光。

3.**开放设计**：在格局配置上强调时尚、个性与简约，并通过开放设计手法呈现出空间的开敞气度；厨房的玻璃拉门与吧台的弹性运用，无论开放或闭合一点也不影响视觉流畅性。

4.**玄关**：玄关进门的左侧餐厅区墙面，运用栓木贴皮染色结合鞋柜及展示收纳柜点缀，原木色与黑色做深浅对比，为白色系空间带入暖度及沉稳感。

5.**餐、厨区**：餐厅、厨房采用开放式设计，整体墙面利用相似色系及材质作为整体感的延伸。

3

4

5

1.**书房**：书房以木框玻璃隔屏取代实墙，增加过道采光的同时，更以双面用展示柜及隐藏式卷帘，解决书房视觉隐闭性，营造不受干扰的工作及阅读环境。

2.**小孩房**：以清新明亮的绿色作为空间跳色，由于孩童年龄还小，目前暂时充当游戏室，仅设置衣柜。

3.**主卧室**：卧室区没有多余的装饰，以染黑的栓木材质作为主墙壁板，让宁静氛围在空间沉淀。白、黑、自然原木三种空间用色，将高雅与独立感带入卧室中，典雅栓木原色与染黑设计突显衣柜切割分隔的别出心裁。

4.**主卧更衣室**：以栓木原色与染黑深浅对比的衣柜结合电视柜设计，将更衣室及主卧浴室完全隐藏在衣柜拉门之后，让主卧的卧眠区空间更显简约纯净。

日光静好·完美生活

　　新居所象征新生活的开启，经过改变后的五、六楼除了重新配置水电、厨卫外，另规划独立内梯并封闭六楼门板，改以跃层形式呈现。从与立面一体成型设计的木作内门进入，清朗日光映入白色基底客厅，也在开放式厨房洒落温暖光晕，就如同平面式板岩砖与木地板无高低差的完美衔接，辅以房主挑选的紫红色窗帘与设计款家具，开阔尺度内呈现纹理与色系层次。

坐落位置 | 苗栗县·头份镇
空间面积 | 198m²
格局规划 | 客厅、厨房、卫生间×3、卧室×4、储藏间×2、休闲阳台×2
主要建材 | 板岩砖、文化石、风化梧桐木、栓木山形纹、壁砖、厨具设备结晶钢烤、实木集层木皮、铁艺、组合柜、手刮地板、铝料、毛玻璃

在空间感与色系层次的表现外，设计师须将房主原厨房的概念加以扩充放大，满足现有的生活功能，并特别定制220cm实木餐桌与餐椅，搭配大尺寸厨房气度。为串接上、下两层楼的回旋梯，除了拉大梯面方便行走，设计师另在扶手处以喷白铁艺呈现圆扁不一的造型线条，增添梯间透光度。以私人使用为主的二楼，大片木色元素简化门板零碎线条，并在书房采用折门呈现空间使用的最大尺度，预留无障碍生活的未来可能。

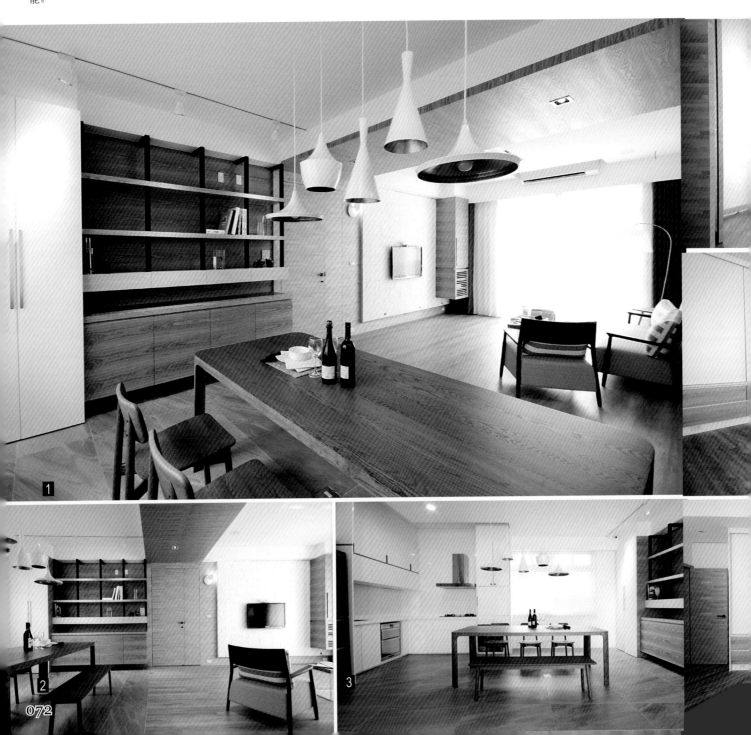

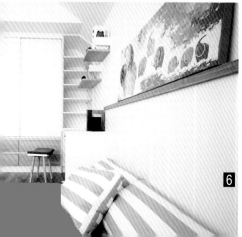

1.餐厅：特别定制的木作大餐桌与餐椅，搭配设计师款灯具，呈现不凡质感与气韵。

2.改变格局：重新配置水电、厨卫及增设楼梯，构筑清朗放大的空间架构。

3.餐、厨区：设计师以原厨房为基础扩充配备尺度，在日光照耀下，呈现人文质韵。

4.书房：舒适书房是SOHO族房主的办公空间。

5.主卧室：将床垫置于地板上的手法，压低空间视线，呈现舒适无压的随兴氛围。

6.梁体：床头上方梁体采用斜向线条修饰，下方柜子亦采用相同线条增加造型感，只觉整体空间完整利落。

7.折门：透光折门的规划，消除空间封闭感，并增加区域使用的最大值。

8.楼梯：加大后的梯面尺度方便行进，而圆扁不一的铁艺造型扶手，具有轻盈楼梯量体与增加梯间透光性的双重功能。

3D彩绘技术·点亮设计感生活

　　"以专业的技能与纯熟的技术，为客户量身定制专属的品位生活"，一向是雅迪尔设计团队的宗旨。本案拥有近山绿景的景观视野，已届退休之龄的房主夫妻喜爱简约中带点浪漫的风格，期待具有"个性化"、"收纳量"与"简约"三种元素，设计师拿掉客厅后方墙面改以半穿透书房呈现，整合点、线、面全方位规划，实践房主对家的梦想。

坐落位置｜台北市·木栅区
空间面积｜132m²
格局规划｜3＋1房、两厅
主要建材｜组合柜、玻璃、木作

1

2

净白客厅以简约线条铺叙北欧风情，设计师运用梁下深度整合视听设备收纳功能，并通过天花板间接照明的规划，让空间更感敞亮。架高地板与客厅半穿透规划的书房，除了沿墙规划造型收纳柜外，地板下亦有收纳大型物件的储物空间；一幅翡翠绿彩绘画作横亘清玻隔断下方，保有不受打扰的阅读空间，另规划透空圆框，让小憩时光能共享客厅电视娱乐。同样的软件布置手法延续到大女儿房中，设计师搭配晴空草原风景窗帘延伸视野，并与衣柜上的花鸟树3D彩绘图案营造自然写意风格。

1.**餐厅望向客厅**：结合屏风与收纳功能的柜子，可让无对外窗的餐厅也同时享有窗外日光照拂。
2.**半穿透隔断**：改以清玻半穿透规划的书房隔断，下方采用3D彩绘玻璃图画增添空间表情，并保有阅读区不受打扰的独立性。
3.**餐厅**：设计师在备餐柜平台墙面运用3D彩绘技法，打造活泼生动的用餐氛围。
4.**地板下收纳**：地板下方亦配置可收纳大型物件的收纳空间。
5.**书房**：设计师利用地板架高深度打造舒适阅读空间；墙上的透空圆框，则能在小憩时光同步共享客厅视听娱乐。

3

4

5

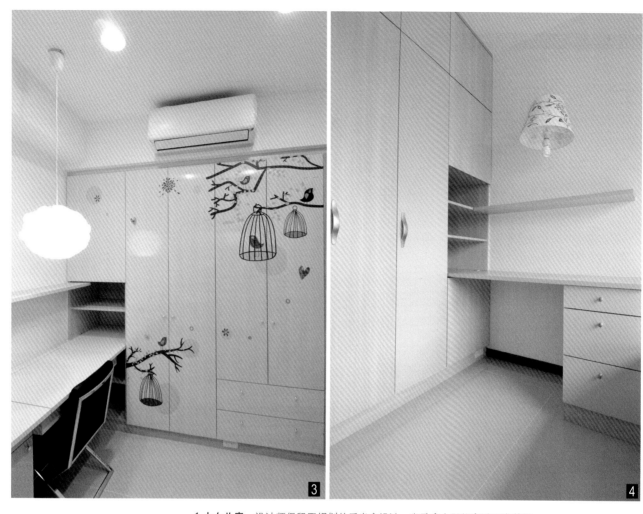

1.**小女儿房**：设计师保留原规划的采光窗设计，坐卧床上即能享受天光美景。

2.**大女儿房**：为延伸大女儿房的空间视野，设计师搭配晴空草原窗帘满足需求。

3.**3D彩绘**：采用3D彩绘技术描绘在衣柜门板上的花鸟树图案，修饰衣柜量体，也让整体氛围完整到位。

4.**一体成型设计**：从衣柜到梳妆台一体成型的规划，满足小空间也须完整功能配备的实际需求。

书香满屋·到
文青家做客

设计师以"人文书香"为设计主题，推演出文青气质的生活态度，并与房主充分沟通之后，为住家调整内部格局，将公共空间的视觉轴线连成一气，也让动线更为顺畅。

坐落位置｜新北市·板桥
空间面积｜73m²
格局规划｜玄关、客厅、餐厅、厨房、书房、主卧室、客房
主要建材｜铁艺、钢刷栓木、染灰橡木

客厅与书房以铁艺及清玻璃作为隔屏，让视觉景深得到延伸，塑造空间开阔感；此外，设计师也为书房构置深色木百叶，依照房主的需求，"形随功能"去调整空间的隐秘性及功能性。在材质上，运用大量的木质元素来营造舒适温馨的环境。而人文书香的营造上，则在书房构置大面书柜，以开放、井然有序的方式陈列书籍，让空间自然弥漫着文学书香。

1.玄关：设计师以斜切面的设计作为端景墙，在进门的视觉上具有引导，并制造上下腾空的透光感，以铁艺及强化玻璃补强其承重。

2.格局调整：将原本的客厅与房间位置对调，让客厅及餐厅连接为同一轴线，使动线更加流畅。

3.形随功能：除了清玻璃营造的开放感，也构置了深色木百叶，可依照需求调整空间的隐秘性。

4.卧室：以活动式家具保留空间的使用弹性，并通过灯光、线面的铺陈，创造高品位的居家空间。

5.书香满屋：在书房构置大面书柜，以开放形式陈列书籍，让空间弥漫着文学书香。

6.餐厅：设计师使用实木与铁艺构组餐、桌椅，营造仿旧家具的质朴况味。

低调奢华质感·
温暖人心大宅

　　组合柜向来给人实用、功能至上的印象，在这栋宽敞的大宅里，设计师更是发挥组合柜的种种优点，在客厅、起居室、小孩房等空间中，分别满足收纳与展示需求，并在重要场所弹性搭配细致木工，让原本以实用性质为主的组合柜，也能展现家人期盼的低调奢华质感。公共空间尽量以大面玻璃拉门，作为区域之间的界定，除了让格局、动线变得更明确，也提高内、外的穿透感，进而再次放大视觉效果。

坐落位置 | 云林·斗六
空间面积 | 330m²
格局规划 | 1F：玄关、客厅、餐厅、厨房
　　　　　　　4F：起居室、主卧室、更衣室
主要建材 | 组合柜、环保KD木皮、玻璃、陶板、特殊门板

　　起居室及两间小孩房也是这次的重点装修项目。起居室沿用组合柜与木工搭配手法，并于窗台区架高成为玩乐平台，在自然光与室内光的交错下，令人觉得舒适又温馨。两间小孩房更是各有风情，蓝、白主题的男孩房，不只纳入未来成长所需的完善功能，轻柔色调也呈现出徜徉空中无拘无束的自在感；女孩房借助组合柜和壁纸材质，带入可爱俏丽的粉红色，加上陶板转印卡通Hello Kitty主题墙，让孩子的童年生活充满梦幻色彩。

1.**客厅**：沙发区使用经典菱格纹绷皮，在水晶灯的华丽与耀眼中，共同烘托出家人期待的奢华品位。
2.**展示柜**：嵌入式的玻璃展示柜中，摆放着许多漂亮的马克杯，让出入动线有了精致的小风景。
3.**餐、厨区**：独立的餐、厨空间，搭配使用面积宽敞的餐桌，让家长平常可以陪同孩子一起写功课。
4.**男孩房**：清爽的蓝白配色，让人有徜徉蓝天白云中的悠闲感。
5.**主题墙**：陶板转印卡通人物，让房间拥有可爱俏丽的亮点。

内敛沉稳·慢活舒心宅

　　坐落于台中大雅的四口之家，奇米设计期待以内敛不做作的空间态度，营造出闲适慢活的度假居所。采用肌理自然的大面洞石作为厅区主景，循序铺陈惬意温馨的低调雅趣。客厅背景墙则保留了适当比例的留白简约，以预留的画轨规划让风格能够随心置换。

坐落位置｜台中
空间面积｜125m²
格局规划｜4室2厅
主要建材｜洞石、人造石、木作、梧桐木皮、灰镜

重新思考区域的合理配置，将主卧室墙面稍做移动，让出更加流畅的过道动线，也顺势造就了完整的餐区格局。以房主挑选的风格家具，作为情境酝酿的基调设定，通过格栅屏风形成若有似无的场景划分，搭配和室玻璃门板所漫射出的自然温润，寄寓着光影渐变的视觉感受。借助中岛吧台串接起开放式的餐厨设计，而大面灰镜在呈现时尚质感之余，还有放大空间的实质效果。

1.**客厅背景墙**：适当比例的留白沉淀，设计师以预留画轨让空间风格随心置换。

2.**过道**：在玻璃门板与格栅屏风之间的过道安排，寄寓着光影渐变的视觉效果，别有一番生活逸趣。

3.**餐厅**：以房主挑选的家具作为基调设定，通过格栅屏风稍许遮挡，却不影响采光延伸与窒碍观感。

4.**厨房**：通过中岛吧台串接起开放式的餐厨设计，大面灰镜在呈现时尚质感之余，还有加倍视野的效果。

5.**和室**：可升降调整的和室桌，赋予空间更加灵活的使用弹性。

6.**主卧室**：借助格栅手法延伸主卧床头面宽，同时将更衣室门板一并纳入视觉画面。

净·透·朗·
简约木质馨香

　　原木材质的自然肌理，依其品种与生长环境，有着
丰富且具生命力的变化。本案房主钟情于原木带来的
空间张力，映荷设计通过设计线条与材质比例，让房
主自购的原木家具为主体，自述温馨空间表情。从玄
关延伸入内的立面线条，分别使用深色绷布与浅色壁
纸，搭配木作框架构筑整体性；另在黑镜饰底的柜门
上采用镭射雕花线条界定客、餐厅，并作为廊道的华
美端景墙，发挥巧思将庞大的收纳量，隐藏在饶富变
化的立面层次中。

坐落位置 | 新北市·永和区
空间面积 | 132m²
格局规划 | 玄关、客厅、餐厅、厨房、书房、主卧
　　　　　　　房、小孩房×2、卫浴×2
主要建材 | 组合柜、大理石、喷砂玻璃、黑镜

1 2

　　纹理对花的大理石墙，在后方上下照明的光影投射中，塑造大气敞朗之感，深色大理石视听柜下方以木作构筑，呼应原木家具材质；打开墙面改以清玻璃为隔断的书房，除了拉长客厅景深、放大书房空间感外，也让出一条流畅的日光路径，汇聚出公共空间的清朗样貌。坐拥L型采光的主卧室，设计师延伸柱体壁面作为电视墙，让房主坐卧床上，就能享受日夜更迭的城市风景；女儿房采用浅色系铺陈细致表情，并搭配调光卷帘通过不同的光影层次与色温，变化情境氛围。

1.端景柜：黑镜衬底的镭射雕花立面，具有储物柜及廊道端景的双重功能。
2.餐厅：水晶灯在墨镜喷砂主墙上倒映晶灿光影，增添用餐时光的奢美气质。
3.木质温馨：净朗的设计框架，搭配房主自购的原木家具，构筑木质温馨氛围。
4.延伸视野：采用清玻璃构筑的书房隔断墙，拉长客厅视野，让自由贯穿的窗光明亮公共空间；长方形的书桌设计，可让两个女儿同时在此阅读；窗边卧榻下另设收纳空间。
5.主卧室：咖啡色横纹绷布床头墙，与两侧竖纹壁纸，交织主卧室优雅的气质。

枫尚空间设计·设计师 林钦暖

自然绿意满屋·
休闲度假居所

坐落位置 | 台北·木栅
空间面积 | 149m²
格局规划 | 玄关、客厅、餐厅、和室、主卧室、小孩房×2
主要建材 | 大理石、胡桃木、白橡木皮、棉质玻璃、木地板、
进口壁纸、日本进口硅酸钙板

　　简简单单的生活，远望山景的惬意感，视觉里的大片绿带引入居家空间，连贯起内外一致的休闲情调。枫尚空间设计特别为喜爱简约生活的房主，打造一个无隔阂的空间，由客厅或餐厅都能饱览户外山光风景；引用大自然"树与木"的意象，为室内空间抹上植栽的绿与木材的大地色彩，构筑清新自然的写意生活。

满屋子的自然绿意，让回家成为度假的起点，"赖"在原木椅的织布软垫，将自然风光当成背景，自在嬉笑的悠闲意趣，是一家人最喜爱的互动时光。以对称美学打造电视墙，隐藏着设计师的巧妙构思，液晶电视能180°旋转，让客厅、和室共享声光影像。将餐桌椅定位在客厅延伸的轴线上，用餐时也能欣赏舒心山景，周围收纳的书籍、杂货之余，尽量净空走动空间，以简单清爽的布置、先天的景观优势，烘托度假风居家的休闲氛围。

　　和室使用白橡木的轻柔纹理，突显户外自然风景的美好，写意的阳台、略低的贝壳白沙布置，将自然情境层层引导入内。呼应客厅，主卧以休闲旅店为灵感来源，原木质感的床组直接点明风格主轴。另外，设计师以石材瓷砖打造四件式的全套卫浴，采用干湿分离的现代化设计，泡澡时还能欣赏户外山景，轻易地让人卸下一身疲惫，为一整天的辛劳画下完美句点。

1.**玄关**：大鞋柜提供充足的收纳量，白色百叶又悄悄带出休闲氛围。

2.**家具**："赖"在原木椅的织布软垫，将自然风光当成背景，家里就像度假Villa。

3.**餐厅**：隐藏电脑桌的明镜拉门，放大简单素雅的餐厅空间。

4.**贝壳布置**：由阳台休闲造景、贝壳白沙，将自然情境层层引导入内。

5.**和室**：白橡木的轻柔纹理，突显自然风景的美好，是家人轻松聊天、品茗的空间。

6.**主卧室**：以休闲旅店为灵感来源，搭配原木质感的床组，更见简约清爽。

7.**卫浴**：以石材瓷砖打造四件式的全套卫浴，山景绿意簇拥眼前，自然化解所有疲惫与生活压力。

原拓创意有限公司·设计师 郭品妤

简约雅致·构筑美学空间

坐落位置 | 台中·八期
空间面积 | 125m²
格局规划 | 客厅、餐厅、厨房、主卧室、长辈房、
小孩房、书房兼客房、卫浴×2
主要建材 | 超耐磨木地板、大理石、栓木实木、黑玻璃

空间美学的构成，来自于使用者的需求，设计师从专业角度加以诠释。例如，本案房主需求的大量展示收纳空间，利用可滑动门板与隐藏手法加以修饰，将客厅主墙以穿透式规划，则强化各空间的互动，而结合天花板线条的细致度提升了公共空间的质感，私人区域则皆"隐身"于木皮造型立面墙面内，保持使用者完整的私密性。

4

5

1.**展示收纳柜**：设计师特别规划可滑移的收纳柜门板，保持立面干净美观。
2.**书房兼客房**：以单人床大小规划的窗边卧榻，可以是客人留宿时的临时客房。
3.**餐厅**：干净简约的立面线条隐藏通往私人区域的门板，保持私人空间的完整私密性。
4.**穿透感电视墙**：消弭实墙的厚重感，通过穿透性，让视野串联每一个独立区域。
5.**细致天花**：通过天花板线条的延伸串联书房及餐厅，拉大空间视觉感受并提升整体空间质感。

绿概念·简约舒适
梦想家

坐落位置 | 新北市·板桥区
空间面积 | 149m²
格局规划 | 3室2厅
主要建材 | 木皮、特殊玻璃

1

　　简约、自然、舒适的居住氛围，看似简单的设计要求，对室内设计师而言，却是美感、技法的一大考验。本案设计师选用丹麦进口环保漆与无味水性木皮漆，以满足居住的舒适性，并从多年的美学体验出发，达到房主对简约舒适的设计期待。

　　双层夹砂玻璃与木作框架共构的玄关隔屏，稍微掩去进门直进的穿堂视野，除风水考虑外也明确界定玄关区域；采光充足的客厅，选用木皮烤银漆，内嵌可展示收纳CD与饰品的造型柜，并在右侧打造收纳柜，借助木作电视墙的变化丰富空间视野，巧从比例配置与光线引入，塑造空间的简约、明快。

　　为了让空间更见简约完整，设计师将主卧室梳妆台安排在卫浴前的零碎空间，并打造薄型悬空柜子增加收纳量，仅20cm的厚度加大入门回旋空间，在柚木实木家具、柔和灯光与向日葵画作点缀中，感知设计美学。

1.**客厅**：设计师巧从比例配置与光线引入，塑造空间的简约、明快。
2.**玄关**：双层夹砂玻璃与木作框架共构的玄关隔屏，稍微掩去入门直进的穿堂视野，除风水考虑外也明确界定玄关区域。
3.**造型柜**：设计师采用木皮烤银漆，内嵌可展示收纳CD与饰品的造型柜子。
4.**畸零区规划**：设计师将主卧室梳妆台安排在卫浴前的畸零空间，并打造薄型悬空柜子增加收纳量，仅20cm的厚度加大入门回旋空间。

简约温馨·绽放花样幸福

坐落位置｜基隆市
空间面积｜116m²
格局规划｜客厅、餐厅、厨房、储藏室、主卧室、书房、
　　　　　长辈房、游戏室
主要建材｜藻土、雕花板、组合柜、烤漆玻璃、人造石、
　　　　　超耐磨木地板、壁纸、壁贴、喷漆

发挥匠心独运的巧思创意，为房主打造心中的梦幻城堡。本案将花草绿景纳入风格设计主题，在符合期待的预算之内，借助不同材质与细节工法呈现，打造带有浓厚疗愈感的温馨居宅。进入室内，鞋柜的柜面以花朵图案、穿孔方式，让功能兼具美感，使内部拥有良好的通风。

设计师致力于呈现空间的华美与轮廓表情，在客厅的主墙通过封板手法，将房主喜爱的图案壁纸带入，并将得天独厚的明亮采光，以温润间接照明相衬，强调气场光影的对流连贯，围绕满室的幸福。沙发背景墙则以自然触感的手作刮痕，体现空间的原味纯粹，并在大面藻土的铺叙下，诠释小家温馨的悠活调性。

来到属于私人空间的主卧室，呈现空间的舒适与宁静，床头主墙在碎花壁纸的质感铺陈中散发淡淡浪漫，创造高品位与优雅格调。色调鲜明的游戏室，借着灯光或漆面等配置，让宝贝在里面通过欢乐的游戏气氛，启发他们的想象力和创造力。

1.**客厅**：以日光和花样壁纸点缀生活场景，让家成为一处歇心之所。
2.**沙发背景墙**：使用藻土为主墙材质，可以调节空气中的湿气。

1.**电视墙：**电视墙以轻浅色调的花卉壁纸妆点，编织"家"的安稳纯粹，也丰富公共区域的表情。

2.**开放视野：**窗外绿意是最美的风景，照进的自然光与内部铺陈的暖色调更是完美交融。

3.**卧榻：**窗台下设计具有休憩功能的卧榻，而侧边的雕刻板组合柜面，则创造吸睛端景。

4.**光线引入：**餐厅可以借助穿透式门板，从书房处引入采光需求。

5.**双面巧思：**结合储藏室与展示柜的双面巧思，为小空间争取最佳利用效果。

6.**书房：**设计师以彩度鲜明的绿色系作为跳色，塑造出活泼清爽的空间气氛。

7.**游戏室：**以造型壁贴与鲜明漆面，呈现出游戏室的欢愉活力。

呼吸·自然健康住宅

坐落位置 | 桃园市

空间面积 | 182m²

格局规划 | 客厅、餐厅、书房、起居房、主卧室、女孩房

主要建材 | 欧美进口绿建材、日本栓木木皮、钢刷梧桐木、凤凰石、铁艺烤漆、烤漆玻璃、竹地板、海岛型地板、全热交换设置、白橡木

　　世禾设计致力推动家居新概念，为房主夫妻及两位小女孩选用天然无毒、抗过敏的自然绿建材，也为居家安全及生活质量严格把关。格局完整的区域空间，设计师善用其优势，将客、餐厅与书房安排为同一轴线，并以"回字"动线让内部相互连贯、行走无碍。

　　在现代简约格调中，以轻浅的色调让心情舒缓，建构出温婉及质朴兼具的居宅空间，同时也演绎房主夫妻对于幸福的向往。而建材使用部分，则选购大量的天然木质与石材来铺陈，例如大面凤凰石电视墙、钢刷梧桐木皮柜面、日本栓木格栅与木质地板等，都能达到沉淀心灵的治愈之效。

　　呼应公共空间的设计主题，主卧与女儿房依照房主的喜好，分别以白栓木与白橡木集成材来营造温暖、无压的睡眠空间。此外，设计师也细心考虑到出风与压梁的问题，在女儿房的天花板以斜面方式降低压迫感，并巧妙规划出风的位置，让空气可以顺畅流通。

1.2.**简约时尚**：采用轻浅的色调让心情舒缓，沙发背景墙上购置了铁艺与镜面的装置，塑造简约时尚的现代氛围。

3.**动线流畅**：以"回"字动线让内部相互连贯，并将客、餐厅与书房安排在为同一条视觉轴线上。

4.**餐厅空间(一)**：电视墙的后方作为餐柜使用，具备双重的使用功能，并以斜面天花板及灯带让量体更为轻盈。

5.**餐厅空间(二)**：居于空间中心的餐厅使用天然木质来铺陈，例如钢刷梧桐木、栓木格栅与木质地板等，营造舒适宜人的用餐气氛。

6.**书房**：书房铺设竹地板与实木家具，空气中自然弥漫人文与木质清香。

7.**主卧室**：主卧室床头背板使用白栓木，而地面则铺设白栓木集成材，营造出温暖、无压的睡眠空间。

8.**细腻设计**：女儿房的天花板以斜面方式降低压迫感，巧妙规划出风的位置，让空气可以流通。

4

5

6

7 8

纯白质感・雅致原味

坐落位置｜内湖
空间面积｜83m²
格局规划｜2室2厅2卫
主要建材｜钢琴烤漆、烤漆玻璃、灰玻、白膜玻璃

1

2

　　"期待以黑白纯粹的内敛印象，诠释简洁利落的低调时尚。"本案是位于台北市内湖区的精巧雅寓，设计师尝试还原空间量体的通透之美，舍去繁复多余的硬件装置，让房主的名牌家具形成区域当中的聚焦重点。

　　言谈之中，房主的脱俗气质让人深刻难忘。也因执业于台大医院的高压环境，在起居生活的功能规划上，尽可能地将需求化零为整，采取通透开敞的格局，取掉不必要的过道衔接，发挥最佳利用效果。在木作柜子的设计上，也特别花费心思处理，不管是电视墙书柜或入口鞋柜都与房主的家具产生共鸣。由于无法与爱猫同住，让房主怀着满满遗憾，但在设计师的灵心巧手之下，让心爱的猫咪在不同角落——浮现心头。

1.**功能立面**：由层板展示、电视机柜、书报架所构成的立面延伸，释放出最大效益的功能使用。

2.**电视主墙**：简洁利落的线性刻画，维持清爽明快的生活基调。

3.**餐厅**：入口不规则的鞋柜，是设计师的特别设计，与名牌餐桌一黑一白互相呼应。

4.**吧台**：以轻食餐吧衔接起开放式格局中的空间关系。

5.**阅读区**：采取灰玻界面区隔卧眠区域之外的阅读空间。

6.**卧室**：通过间接光带形成的层次效果，酝酿着悬浮般的极致卧眠环境。

纯粹舒压 · 雅致小清新

坐落位置 | 桃园
空间面积 | 83m²
格局规划 | 客厅、餐厅、厨房、和室、主卧室、卫浴×2
主要建材 | 石材、压克力喷漆、烤漆玻璃、进口超耐磨地板、绷皮、铁艺、栓木钢刷实木皮

　　设计师悉心倾听医生房主的需求，构思出全新的空间脉络，让"回到家就能感受到舒适、减压的温暖"成为本案设计主题。进入室内，环顾四周，以温润素材与简单的线条来呈现原始的基调，也构筑温馨的人性居宅。

　　客厅拥有最雅致的风貌，压克力喷漆的电视墙，搭配上灰色烤玻与大理石台面，赋予时尚又蕴含层次的语汇；另外，两侧的实木皮柜面，则以自然的肌理木纹来铺陈出区域温度。转入餐厨空间，厨房的墙面是用烤漆玻璃，可以在此涂鸦留言，增进家人之间的情感。

　　主卧室的设计元素尽量单纯干净、化繁为简，以轻浅色调塑造卧眠的舒适；床头保留了两扇开窗，并将卫浴墙面改以清玻璃，呈现满室明亮的通透感。设计师也考虑到小主人的年龄，在男孩房的设计上，以鲜明的色彩定调创意的主题，四周更以绷皮围绕，完全符合安全上的需求。

1.**空间主题**：男孩房的设计，以鲜明的色彩和丰富创意为主题。

2.**电视面墙**：压克力喷漆的电视墙，搭配灰色烤玻与大理石台面，赋予时尚又蕴含层次的语汇。

3.**端景柜**：入门后的美丽端景，白净、简单而舒适，刻意不做满的柜子，打上柔和的灯带，营造舒适氛围。

4.**和室**：设计师悉心倾听医生房主的需求，构思出全新的空间脉络，架高的和室也具有收纳的功能。

5.**设计元素**：主卧室的设计元素尽量单纯干净、化繁为简，以轻浅色调塑造卧眠的舒适。

6.**主卧室**：床头的地方保留了两扇开窗，并将卫浴墙面改以清玻璃，呈现满室明亮的通透感。

鹿鸣·串联家的暖意

坐落位置 | 台北·和平东路
空间面积 | 178m²
格局规划 | 3+1房、2厅
主要建材 | 绿建材地板、藻土、木化石、铜锈砖、科定板、喷漆

秋芒铺地，林间深处，一片苍茫中，头顶犄角的祥兽鹿影现踪，房主儿子年幼时期的画作，改以玻璃彩绘形式嵌于入门端景墙内，象征"鹿（入）家门"的紧密家庭关系，更具有35年旧房翻新后的传承意象，设计师以环保绿建材打造传世健康居宅。

呼应玄关处林间鹿鸣的苍莽意象，设计师在增设的多功能房中，将芦苇草线条镂空雕刻于可隐藏收纳的清玻门板上，不仅能变化居家视野，更营造家的核心概念。格局以全开放式呈现，仅以地面材质转换界定区域功能，让每个厅堂都能沐浴在敞亮的日光中。浅色调木地板搭配抛光处理的木化石电视墙，内敛变化公共空间设计层次，低矮梁柱也游走在其中的凿刻线条塑造向上延伸的空间感，更巧妙拿捏各区域的天花板尺寸，平衡区域比例。

除了以环保建材塑造健康居家环境外，设计师更考虑长者生活安全性，在具有汤屋功能的卫浴里贴心规划多项自动辅助设备，并在每间卧室都有全热交换器，从使用者的角度细细思量，于现代简约的设计线条中，打造内蕴人心的精彩生活。

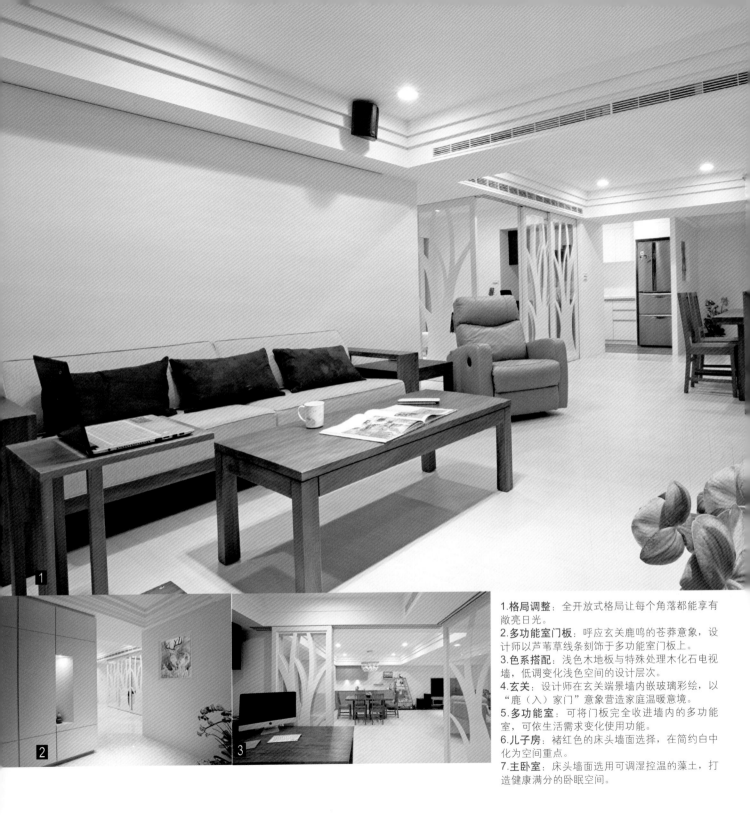

1.**格局调整**：全开放式格局让每个角落都能享有敞亮日光。

2.**多功能室门板**：呼应玄关鹿鸣的苍莽意象，设计师以芦苇草线条刻饰于多功能室门板上。

3.**色系搭配**：浅色木地板与特殊处理木化石电视墙，低调变化浅色空间的设计层次。

4.**玄关**：设计师在玄关端景墙内嵌玻璃彩绘，以"鹿（入）家门"意象营造家庭温暖意境。

5.**多功能室**：可将门板完全收进墙内的多功能室，可依生活需求变化使用功能。

6.**儿子房**：褚红色的床头墙面选择，在简约白中化为空间重点。

7.**主卧室**：床头墙面选用可调湿控温的藻土，打造健康满分的卧眠空间。

舍子美学设计·设计师 詹秉荥

温馨雅筑居

坐落位置 | 台北市·仁爱路
空间面积 | 165m²
格局规划 | 客厅、餐厅、厨房、主卧、次卧
×2、浴室×2、阳台×2、储藏室
主要建材 | 木皮、烤漆、涂料

　　坐在摇椅上轻荡，窗台外的林梢绿景映入眼帘，似乎不想打扰这样的午后静寂，虎斑猫蹑脚来到窗台边，觑了一眼洒落林间的日光，跃上主人膝头，蜷缩成舒适的状态打起呼噜，春风轻拂的午后，在窗边构筑一幅美丽的春日风情画，舍子美学设计以人对居住环境的真实感受为重点，营造舒适、宜人的居家环境。

　　以人为本的设计概念，自然无须建材与线条的高调喧哗，"人"字地板从玄关向内延伸串联客、餐厅。设计师另在餐厅天花板与壁面采用相同木作元素，仅借助藏于天花板上方的间接照明增添层次感；而在私人区域中，则借助木地板的线性变化丰富空间。厨房地面选以耐脏的水泥粉光表现质朴感，使用简单、寿命长的建材，打造质感与风格兼具的住家。

　　将线条与材质复杂度降到最低，设计师选以饱满色彩妆点区域，从玄关端景墙的翠绿、宝蓝亮眼的客厅窗帘、女孩房里的桃红墙面到主卧室的灰阶主墙，各陈主题明确的空间活力，并结合以色列设计师Ron Gilad的蜘蛛灯、美国设计师Eames夫妇的摇脚椅等设计师款家具，以及充满时代感的老件家具，在新与旧的冲突中取得设计平衡。

1.**开放规划**：以"人"字木地板串联的客、餐厅，设计师另采用木作天花板去化梁体，进而划分区域功能。

2.**玄关**：翠绿墙面与充满历史刻痕柜子，塑造装置艺术美学。

3.**绿景**：大面积的林梢绿景，静坐窗边就是一幅生活画作。

4.**生活感摆设**：水泥粉光地面上置放木作层架电器柜，刻意外显的器具有了亮丽色彩点缀，生活感摆设让空间更加分。

5.**主卧室**：灰色调主墙搭配浅白色柜子、软件，呈现纾压无印风。

6.**厨房**：净白的厨具设备，搭配亮色缤纷器皿，活泼厨房气氛。

7.**小孩房**：亮丽桃红色主墙与斜向拼贴木作地面，以色彩与线条跳出简约空间的设计亮点。

8.**卫浴**：光影洒落自然手感砖面，从图纹光影增添区域氛围。

黄巢设计工务店 / 戴小芹建筑师事务所 • 设计师 戴小芹 建筑师 黄建华 黄建伟

自在敞心居 · 83m²单身好宅

坐落位置 | 台北市

空间面积 | 83m²

格局规划 | 客厅、餐厅、厨房、主卧室、卫浴

主要建材 | 复古砖、木纹砖、超耐磨地板、烤漆玻璃、木作

在都市丛林中，以素雅的元素加上丰富的色彩搭配，构筑出美式风格的理想居家。黄巢设计团队细腻规划这间83m²的单身宅邸，赋予空间全新的秩序，并将原有的前后阳台重新恢复，让采光更明亮、通风更顺畅，是舒适与自然的完美演绎。另外，抛开制式化的格局，以"回"字动线围绕电视墙与玄关，让每处都能连接相通，并能依其功能弹性转化。

设计师同时考虑房主的实际需求，将原有三房整合为一房，让公共空间更加敞朗，并以不同的色调铺陈区域个性，传达房主对于生活的要求与品位。走进13m²大的餐厅与厨房，色调沉稳的木造桌椅与造型精致的吊灯，营造出到位的美式风；墙面大胆的橘红漆，活跃空间调性，料理台立面更使用地铁砖，带出欧洲异国风情。

采光通透的卧室，呼应外部主题，以薰衣草及藤色营造浓淡适中、色调柔美的氛围；并借助双开门与内部开窗的设计，让室内光线与空气流通，其白色的线板造型及刷白窗框也增添美式元素的丰富性。干湿分离的卫浴空间，将梳妆台设置在外面，地面使用复古砖来拼接，其温婉的质感调性，更温暖了幸福小窝。

1.**玄关**：端景柜上可以恣意地放置艺术品与挂画，展现房主的个人品位。

2.**动线安排**：抛开制式化的格局，以"回"字动线围绕电视墙与玄关，让每处都能连接相通。

3.**视野开阔**：客、餐厅交界处以斜切门斗划分区域属性，让所及的视野更为开阔。

4.**厨房**：13m²大的餐厅与厨房，色调沉稳的木造桌椅与造型精致的吊灯，营造出到位的美式风。

5.**空气流通**：借助双开门与内部开窗的设计，让室内光线与空气流通，其白色的线板造型及刷白窗框也增添美式元素的丰富性。

6.**卫浴**：干湿分离的卫浴空间，将梳妆台设置在外面，地面使用复古砖来拼接，其温婉的质感调性，更温暖了幸福小窝。

人文主题风格·专属个性空间

坐落位置 | 板桥
空间面积 | 86m²
格局规划 | 3室2厅2卫
主要建材 | 大理石、实木、铁艺、雾面砖

　　14年房龄的住宅还不算过于老旧，唯结构面需重新补强，且动线格局不符合现在房主的生活所需。另外，房主还希望在现有的一间卫浴外，再增设一间独立卫浴，以清楚划分公私区域。设计师从人文角度切入，以房主的个人特质打造独一无二的生活居所。

　　木纹砖地面从进门起始铺叙全室，循日照光导谱引来到暖阳客厅，仿古面的大理石斜向切割出特殊的内缩造型，以独特的纹理与触感表现客厅电视墙的内敛质感，上方梁体亦以导斜角线条与之呼应，并修饰出无压的居住感。设计师选以相仿色系浅木纹材质，水平横移电视墙线条接续至顶收纳高柜，中间再缀以深色木作层架丰富层次，以材质形构段落，以色系延伸线条。

　　保留原大面落地窗外的日光露台，设计师在马赛克砖铺饰的面材外，以合适的比例，将砖面色彩纳入计算，在女儿墙及地面处铺设南风松，并凿空一方地板堆砌卵石与绿意植栽，共叙暖心怡人的自然元素，带入舒适的生活温度。

1.露台：设计师在女儿墙及地面处铺设南风松，并凿空一方地板堆砌卵石与绿意植栽，共叙暖心怡人的自然元素，带入舒适的生活温度。
2.梁体修饰：导斜角线条与电视墙呼应，修饰出无压的居住感。
3.电视墙：仿古面的大理石墙切割出特殊的内缩造型，以独特的纹理与触感表现客厅电视墙的内敛质感。
4.拉长视野：穿透的墙面设计，视野可延伸至后方的书房空间，以视觉拉大空间视感。

沙发后方以玻璃墙面相隔的书房，设计师利用粗大梁体作为区域段落，另切齐梁体深度定制等宽桌面，让视线不感压迫。后方木作及铁艺搭构的展示层架，亦是运用较浅的短梁深度增设，不仅具有实际收纳展示功能，也是拉长客厅视野的雅致端景。作为隔断短墙的木作线条，在转角处通过两阶段转折向廊道延伸，消弭锐角且引导流畅行进动线，线条尽头接续木作格栅与喷砂玻璃共构的推拉式门板，让穿透书房、明亮餐厅的窗光有了光影层次，更与书房卧榻边的木百叶帘，构筑闲适写意的空间氛围。

1.**窗外绿意**：以南风松与绿意植栽共叙的自然元素，带入舒适的生活温度。
2.**书房**：木作及铁艺搭构的展示层架具有实际收纳展示功能，也是拉长客厅视野的雅致端景。
3.**客厅景深**：客厅视野可望向书房墙面，拉长空间景深。

　　重整后的生活格局，以开放面貌呈现，设计师在餐厅以立体线条勾勒天花板造景作为空间主题，利用高度、线条衔接客厅、餐厅及书房等区域关系，而层叠变化的沟缝式线条，辅以丹麦设计师灯具的光影铺陈，通过材质及形体的变化，在向光面的层次温度上，打造出仿若装置艺术般的后现代生活。

　　86m²中3室2厅的生活需求，设计师以格局的穿透性与互通性，打造舒适、开阔的空间感，并大量运用线条艺术修饰畸零角落，拉出完整、简约的生活视野。

1.**丹麦设计师灯具**：丹麦设计师灯具的光影铺陈，通过材质及形体的变化，在向光面的层次温度上，打造出仿若装置艺术般的后现代生活。
2.**串联空间**：设计师利用造型天花板的高度、线条，衔接客厅、餐厅及书房等区域关系。
3.**格局重整**：重整过后的生活格局，以开放面貌呈现。
4.**隐藏设计**：木作柜门蕴含充足的收纳容量，也将通往厨房的门板隐藏其中，拉出简约齐整的空间线条。
5.**造型洗脸盆**：设计师利用区域畸零角度规划造型独特的洗脸盆。
6.**卫浴**：依照房主需求增设独立卫浴，清楚划分公、私区域。

简洁通透・品味有型宅

坐落位置 | 台北・大直

空间面积 | 99m²

格局规划 | 玄关、客厅、餐厅、厨房、主卧、主卫浴、更衣室、小孩房、卫浴、大露台

主要建材 | 天然铁刀木皮、罗马洞石、胡桃实木、不锈钢、浅灰雾面石英砖

依照房主的居住需求，考虑其喜好及收藏品等，选用不同材质演绎不同的居家风情，赋予空间独特专属的表情，提升居住者的生活质感和品位。

1.**客厅主墙**：罗马洞石配上天然铁刀木皮的柜子，整体呈现粗犷自然的质感。
2.**沙发区望向书房**：将书房从原先的封闭空间打开成为透明的，两面的绿意同时纳入室内，幸福感加倍。
3.**餐厅**：以白色为基底，灰色为点缀的中间色，混搭木质和大理石，巧妙融合自成一格。
4.**书房望向客厅**：白净的空间配上胡桃实木书桌及铁刀木书柜，质感提升。
5.**主卧室**：浅灰雾面石英砖呈现介于温暖和冷冽中间质的定位，符合房主喜好的个性化表现。

　　年轻的房主，喜欢简单、干净、不复杂的居家风格，设计师回应房主对家的想望，保留景观的优势，将书房从原先的封闭空间打开成为透明的，两面的绿意同时纳入室内，加倍的景色，让幸福感油然而生。走进室内，采光良好的二楼视野从客厅大面窗望出去，视线刚好停在绿树的中段；上下层的鞋柜兼具隔屏功能并与餐厅相隔，将入口处自然形成玄关的区域，引领向前直走，来到客厅的公共区域，开放的动线在电视墙的转折以米色罗马洞石铺陈，纹路鲜明的天然石材延展至玄关前的端景墙，配上天然铁刀木皮的柜子，整体呈现粗犷自然的质感；转头将视线移至透明的书房，又是另一种完全不同的风格，简单的量体，白净的空间配上胡桃实木书桌及铁刀木书柜，书柜的线条简单大方，但又不失细节，在其中妆点不锈钢材质，突显出质感。餐桌和餐椅的挑选亦是简单不复杂的款式，清爽和无负担，loft的调性展露无遗；吊灯亦选用不锈钢材质，呼应简单不失个性的主题。

　　综观全案，在素净的空间中，突出的不锈钢材质有着强烈的阳刚性格，充分显现出很"酷"的感觉，加上米洞石和天然铁刀木的材质，适时中和温暖了冷调调性，且增添粗犷自然的质朴感。

地所设计有限公司 · 设计师 黄郁雁

简约 · 疗愈系生活宅

坐落位置 | 木栅 · 政大三街
空间面积 | 99m²
格局规划 | 1F：客厅、餐厅、厨房、小孩房、卫浴、
2F：主卧室、更衣室、露台、卫浴
主要建材 | 木皮、马赛克、铁艺、抿石子

　　有别于普遍住宅以客厅为重心，本案为顺应家庭向往的融洽互动，轻松且具多功能弹性的餐厅，成为设计主轴。整体风格呼应木栅地区的环境特质，少有张扬的装饰元素，以原始纯粹的材质居多，让治愈色彩随着光束和风动，轻轻蔓延入室。

　　木色百叶线条，淡去阳光直射的强烈与锐利，让休闲因子随着日光游走，洒落到生活里的每一个角落。位于居家动线交点的餐厅，运用马赛克和原木家具布置，自然散发一股清新气味，因缓冲动线延伸成形的书墙，更让餐厅成为一家人一起阅读的融洽场所，温暖而纯粹的生活景象油然而生。一墙之分，紧紧倚靠的厨房，设计者灵活运用推窗与拉门，表现另一形态的开放式厨房，既能维持通透，也能完全独立。

　　沿着面材质的休闲风格逐步向上，楼上主要分为主卧室与露台，以抿石子作为室内与户外的连接因子。连接休闲情境的房间，善用难得的屋高条件，打造犹如森林木屋的斜屋顶意象。另再通过双面采光，引来日光和木质交融，一抹静雅温润，为空间刻画恰到好处的宁静与自在。

1.客厅：治愈系的简约色彩，融化生活的紧张与束缚，轻松写意的景象自然涌现。

2.餐柜：衔接厨房与餐厅的角落，木质餐柜收纳常用的咖啡机与杯具，同样的马赛克语汇，串联出完整的生活核心。

3.细致百叶：细致百叶线条，带动光线舞影，成为另一道舒心风景。

4.餐厅：对于居住者而言，餐厅不只用来共餐，更是阅读与互动之地，为此以原木桌椅和简约书架，布置出休闲感和多功能定义。

5.卧室：斜屋顶的意象下，来自窗户及露台的双向采光，日光和木质交融出日日静好的氛围。

6.独立洗手台：地面与墙壁选择抿石子，连接室内与户外两种风情。

品位 · 时尚 · 雅致

坐落位置 | 台北市 · 承德路
空间面积 | 83m²
格局规划 | 客厅、餐厅、主卧室、卧室、书房
主要建材 | 超耐磨地板、文化石、木皮、铁艺、组合柜

设计师以纯熟的表现功力，在台北都市丛林之中，建构一处温暖与功能契合的美宅，找到属于两位女房主的品位空间，推演出时尚而悠闲的生活态度。进入公共空间，客、餐厅与厨房相互连接，以开放感让小面积拥有最大的空间效果；而沙发后方的半开放式书房，则以铁艺、玻璃与矮墙构组，其穿透性让光线轻松洒进内部。

整体设计，利用利落的线条呈现当代简约感，并选择自然温润的材质，如胡桃木色调的地板、朴实质感的文化石或橡木染灰的柜面等元素，铺叙出舒适与充满生命力的区域。除了美感营造，收纳功能也是重要的一环，设计师在进门旁设置大面收纳柜，除整合了鞋柜、餐柜与展示外，也成为廊道美丽的端景。

兼具工作区的书房，则选择实木质感的桌椅，以塑造宁静雅致的人文情境。功能性的书柜，使用组合柜做搭配，善用色调与柜子尺度，打造出木作般的细腻度。带有理性、灰色调的主卧室，床头规划了完善的收纳空间，使休憩的区域舒适且具实用性。

客厅：设计师使用胡桃木色调的深色地板，增添空间的稳定性，并使用文化石来包覆梁柱，呈现温润质感。

1. **空间穿透**：沙发后方的半开放式书房，不以实墙而改以铁艺、玻璃与矮墙，让窗外的光线轻松洒入内部。
2. **餐厅**：客、餐厅间设置了拉门，可阻隔料理时的油烟，小型的中岛吧台也兼具餐桌功能。
3. **善用空间**：设计师妥善运用畸零空间，将书桌旁的缺口处以层板来配置，可作为展示区或书柜。
4. **主卧室**：主卧室床头营造饭店式的氛围，上方规划完善的收纳空间，使休憩的区域舒适且具实用性。
5. **廊道**：以蓝色与灰色的漆面铺叙廊道空间，让色调之美产生相互的对话。
6. **卫浴**：卫浴使用干湿分离，增添使用上与清洁上的便利性，并运用抗水性强的板岩砖，让整体色调更协调。

简约倾诉·工业风气质小家

坐落位置│新北市·板桥
空间面积│66m²
格局规划│客厅、餐厅、厨房、主卧室、
小孩房、游戏间、卫浴×2
主要建材│超耐磨地板、复古砖

客厅望向玄关：修改隔间而产生的地坪破坏，陈淑绢设计师藉以局部换材处理，创造出浑然天成的落尘区块。

为了迎接小生命的陆续到来，完整勾勒四口之家的幸福蓝图，房主与设计师开启了第二次的设计合作。

了解到小朋友使用为设计核心，格局上跳脱常见的私人区域功能配置，增设游戏间作为弹性运用，而地面材质则以超耐磨木地板与草席为主，让小朋友的爬行、学习更具安全性。

公共区域中，考虑到照看小朋友的方便性，设计师拆除原本封闭的厨房，尺度加大后改以开放式规格，巧妙消弭视线死角。细观空间细节，临窗处，设计师以客厅深色木百叶、引光导入线性修饰，化解铝窗冰冷与突兀；而铁制照明开关也换为扳动式机械样貌，阐述工业风情。最后，设计师在大画面底景铺陈房主指定的电视主墙面，提供足量收纳，并进而通过横向延伸收起主卧及多功能收纳动线，展现小家的现代气质。

1. **开窗修饰**：通过深色木百叶的线性修饰，化解铝窗冰冷与突兀。
2. **空间细节**：仔细观察空间细节，铁制照明开关改以扳动式机械样貌阐述工业风情。
3. **天花设计**：外露式天花板明管设计，以融于天际的白色线性规划出管线功能，并将视感做了最佳化抬升。

1

2

3

1.**梁体处理**：大梁下的窒碍问题，设计师顺势以木作与灯光照明结合，以延伸性手法消弭压迫疑虑。

2.**主卧室**：将收纳功能藏于床头造型，多面向的收纳运用，让房主可依物品属性做出分类规划。

3.**小孩房**：呼应着公共区域的百叶元素，小孩房内以干干净净的白为调性，迎光与遮掩自由定义。